Анатолий Лыкин

Оценка потерь электрической энергии в электрических сетях

Анатолий Лыкин

Оценка потерь электрической энергии в электрических сетях

Расчеты потерь электрической энергии на основе вероятностного потокораспределения

LAP LAMBERT Academic Publishing

Impressum / **Выходные данные**

Bibliografische Information der Deutschen Nationalbibliothek: Die Deutsche Nationalbibliothek verzeichnet diese Publikation in der Deutschen Nationalbibliografie; detaillierte bibliografische Daten sind im Internet über http://dnb.d-nb.de abrufbar.

Alle in diesem Buch genannten Marken und Produktnamen unterliegen warenzeichen-, marken- oder patentrechtlichem Schutz bzw. sind Warenzeichen oder eingetragene Warenzeichen der jeweiligen Inhaber. Die Wiedergabe von Marken, Produktnamen, Gebrauchsnamen, Handelsnamen, Warenbezeichnungen u.s.w. in diesem Werk berechtigt auch ohne besondere Kennzeichnung nicht zu der Annahme, dass solche Namen im Sinne der Warenzeichen- und Markenschutzgesetzgebung als frei zu betrachten wären und daher von jedermann benutzt werden dürften.

Библиографическая информация, изданная Немецкой Национальной Библиотекой. Немецкая Национальная Библиотека включает данную публикацию в Немецкий Книжный Каталог; с подробными библиографическими данными можно ознакомиться в Интернете по адресу http://dnb.d-nb.de.

Любые названия марок и брендов, упомянутые в этой книге, принадлежат торговой марке, бренду или запатентованы и являются брендами соответствующих правообладателей. Использование названий брендов, названий товаров, торговых марок, описаний товаров, общих имён, и т.д. даже без точного упоминания в этой работе не является основанием того, что данные названия можно считать незарегистрированными под каким-либо брендом и не защищены законом о брендах и их можно использовать всем без ограничений.

Coverbild / Изображение на обложке предоставлено: www.ingimage.com

Verlag / Издатель:
LAP LAMBERT Academic Publishing
ist ein Imprint der / является торговой маркой
OmniScriptum GmbH & Co. KG
Heinrich-Böcking-Str. 6-8, 66121 Saarbrücken, Deutschland / Германия
Email / электронная почта: info@lap-publishing.com

Herstellung: siehe letzte Seite /
Напечатано: см. последнюю страницу
ISBN: 978-3-659-62454-4

Содержание

АИИС КУЭ – автоматизированная информационно-измерительная система коммерческого учета электроэнергии

АСКУЭ – автоматизированная система контроля и учета электроэнергии

ВЛ – воздушная линия

ВСМ – вероятностно-статистический метод

ИК – измерительный канал

ЛЭП – линия электропередачи

МСК – метод средних нагрузок

ОРЭ – оптовый рынок электроэнергии

РРЭ – розничный рынок электроэнергии

РСК – распределительная сетевая компания

СКО – среднее квадратическое отклонение

ФСК – федеральная сетевая компания

Потери электрической энергии

При передаче электрической энергии часть ее расходуется в электрических сетях и считается потерями. Переменное электромагнитное поле внутри и вокруг оборудования электрических сетей обуславливает частичное преобразование электрической энергии в металлах и диэлектриках в другие виды энергии и ее диссипации. Различают потери от нагрузки проводника электрическим током (джоулевы потери), потери на перемагничивание, корону, потери в диэлектриках и др. Потери зависят от токов по проводникам и напряжения, а также от свойств и состояния металлов и диэлектриков. Кроме того, могут возникать дополнительные потери от наличия других гармонических составляющих, имеющих другие частоты, отличные от основной частоты, и несбалансированности нагрузки трехфазной системы передачи электрической энергии. Все перечисленные потери называют техническими потерями электрической энергии.

Величину потерь за интервал времени T можно получить из баланса электрической энергии в электрической сети путем измерения совокупностей приема в сеть и отпуска из сети электрической энергии. Разность количества принятой и отпущенной электрической энергии представляет собой технические потери, расход на собственные нужды подстанций и безучетное потребление электрической энергии. Из этих трех составляющих измерить можно только расход на собственные нужды подстанций. Оценить величину безучетного потребления электрической энергии можно только зная технические потери в оборудовании электрических сетей. В общем случае эти потери можно получить только расчетным путем. Иногда, в частном случае, технические потери получают косвенными измерениями, что, собственно, тоже является расчетом.

Необходимость расчетов потерь электрической энергии

Расчеты потерь электрической энергии требуют довольно большой по объему исходной информации из-за изменяющейся во времени передаваемой мощности, колебаний уровней напряжения и меняющейся реактивной мощности в электрической сети. Размерность задачи, связанная с количеством элементов электрической сети, также становиться большой и поэтому возникает вопрос о целесообразности выполнения столь громоздких расчетов.

Определим круг задач, которые для своего решения требуют оценки величины потерь электрической энергии.

1. *Учет электрической энергии.* Выполнение измерений количества отпущенной и переданной электрической энергии всегда связано с точностью измерений и выявлением безучетного расхода электрической энергии при ее передаче по электрическим сетям. Это возможно сделать только при численной оценке технически обоснованных потерь. Кроме того, существуют специальные методы расчета потерь при несовпадении точек учета и точек измерения электрической энергии.

2. *Оптимизация режимов работы электрических сетей.* Основным критерием оптимизации режимов электрических сетей по напряжению, а также активной и реактивной мощности являются суммарные потери мощности в электрической сети. Учитывая возрастающую частоту оптимизационных расчетов, можно говорить о критерии – потери электроэнергии на выбранном интервале времени. Кроме оптимизации мгновенных режимов электрических сетей и систем выполняются расчеты оптимального энергораспределения, в которых оптимизируются во времени объемы передаваемой энергии. Примером тому являются различные способы выравнивания графиков нагрузки электропередач с учетом, в том числе, и сетевых накопителей электрической энергии.

3. *Разработка мероприятий по снижению потерь электрической энергии.* Выполнить технико-экономическое обоснование модернизации, реконструкции и нового строительства энергообъектов невозможно без определения эффекта от снижения потерь. Потери электроэнергии рассчитываются не только для конкретных элементов, но и для районов электрических

сетей. С разработкой мероприятий по снижению потерь тесно связано нормирование потерь электрической энергии, т.е. приведение потерь к технически и экономически обоснованному уровню.

Решение перечисленных задач невозможно без расчета или оценки потерь электрической энергии и, следовательно, необходим достаточно широкий круг методов и алгоритмов определения потерь электрической энергии на любом временном отрезке с различной степенью неопределенности в исходных данных.

Методы расчета потерь электрической энергии

Рассчитать потери электрической энергии в трехфазной линии электропередачи за интервал времени T при неизменной передаваемой мощности и при отсутствии искажений синусоидальной формы тока и несбалансированности токов фаз просто. Для этого достаточно знать усредненное за время T активное сопротивление фазы линии R и ток по линии I

$$\Delta W = 3I^2RT .\qquad(1)$$

Сопротивление линии зависит от температуры проводника, поэтому следует учесть влияние температуры внешней среды и нагрев проводника электрическим током.

При изменениях передаваемой мощности в течении расчетного интервала времени T необходимо разбить этот интервал на множество мелких отрезков времени, внутри которых передаваемую мощность можно считать постоянной, и вести расчет для каждого из них по формуле (1), а затем найти сумму всех рассчитанных потерь

$$\Delta W = 3\sum_i I_i^2 R_i \Delta t_i ,\qquad(2)$$

где I_i и R_i – ток и усредненное активное сопротивление на отрезке времени Δt_i.

Такой подход требует измерений всех величин в реальном времени каждые несколько минут или десятков минут и используется на практике при наличии возможности измерений. В большинстве случаев из-за очень большого числа отдельных передающих элементов электрической сети подобные измерения не целесообразны и для расчетов потерь электрической энергии применяют специальные расчетные методы, различающиеся, в основном, множеством требуемых в расчете данных. При этом, как правило, параметры электрической сети и ее коммутационные состояния за время T считаются известными. Кроме того, разработаны специальные методы расчета дополнительных потерь в электрической сети из-за наличия искажающих потребителей и оборудования электрических сетей, а также короны на воздушных линиях электропередачи.

В общем случае, потери электрической энергии в элементе сети с сопротивлением R определяются по формуле

$$\Delta W = 3R\int_0^T I^2(t)dt, \qquad (3)$$

в которой можно выделить величину, называемую среднеквадратическим током

$$I_{\text{ср.кв}} = 3R\sqrt{\frac{1}{T}\int_0^T I^2(t)dt}. \qquad (4)$$

Формула для расчета потерь электрической энергии через среднеквадратический ток запишется в виде:

$$\Delta W = 3I_{\text{ср.кв}}^2 RT. \qquad (5)$$

Все методы расчета потерь электрической энергии сводятся к разнообразным способам получения среднеквадратического тока.

При наличии измерений $I_{\text{ср.кв}}$ получают по дискретным значениям токов – ступенчатому графику тока: I_i ($i = 1, 2, …, N$), где N – количество ступеней графика тока. Квадрат среднеквадратического тока получается по формуле:

$$I_{\text{ср.кв}}^2 = \frac{1}{N}\sum_{i=1}^N I_i^2 \qquad (6)$$

Полагая $I_{\text{ср.кв}}^2$ математическим ожиданием квадрата случайной величины I, получим:

$$I_{\text{ср.кв}}^2 = I_{\text{ср}}^2 + \sigma_I^2 \qquad (7)$$

6

где $I_{\text{ср}}$ и σ_I^2 – соответственно, математическое ожидание (среднее значение) и дисперсия случайной величины I.

В результате для потерь электрической энергии получаем

$$\Delta W = 3I_{\text{ср.кв}}^2 RT = 3\left(I_{\text{ср}}^2 + \sigma_I^2\right)RT. \tag{8}$$

Из этой формулы получают два основных метода расчета потерь электрической энергии в электрических сетях. Первый из них – метод средних нагрузок. Вынесем $I_{\text{ср}}^2$ в (8) за скобки, получим

$$\Delta W = 3I_{\text{ср}}^2\left(1+\frac{\sigma_I^2}{I_{\text{ср}}^2}\right)RT = 3I_{\text{ср}}^2 k_{\text{ф}}^2 RT = \Delta P_{\text{ср}} k_{\text{ф}}^2 T, \tag{9}$$

где $k_{\text{ф}}^2 = 1+\dfrac{\sigma_I^2}{I_{\text{ср}}^2} = \dfrac{I_{\text{ср.кв}}^2}{I_{\text{ср}}^2}$ – квадрат коэффициента формы графика тока на интервале времени T; $\Delta P_{\text{ср}}$ – потери мощности, вычисленные при среднем токе (средних нагрузках сети).

Второй метод получается из (8) умножением и делением выражения справа на квадрат максимального на интервале времени T тока $I_{\max}^2$

($I_{\max} = \max\limits_i \left(I_i\right), i = 1, 2, ..., N$).

$$\Delta W = 3I_{\text{ср.кв}}^2 RT \frac{I_{\max}^2}{I_{\max}^2} = 3I_{\max}^2\left(\frac{I_{\text{ср}}^2 + \sigma_I^2}{I_{\max}}\right)RT = 3I_{\max}^2 \tau_0 RT = \Delta P_{\max}\tau_0 T, \tag{10}$$

где $\tau_0 = \dfrac{I_{\text{ср}}^2 + \sigma_I^2}{I_{\max}^2} = \dfrac{I_{\text{ср.кв}}^2}{I_{\max}^2}$ – относительное время наибольших потерь; $\Delta P_{\max}$ – наибольшие на интервале времени T потери мощности.

Этот метод носит название метода времени (числа часов) наибольших потерь.

Описанные методы являются методами расчета нагрузочных потерь, вызванных протеканием тока нагрузки по элементам электрической сети. Методы сведены в таблицу 1.

Таблица 1 – Основные методы расчета нагрузочных потерь электрической энергии

Метод расчета потерь электрической энергии	Определяющие величины
По среднеквадратическому току $$\Delta W = 3I_{\text{ср.кв}}^2 RT.$$	$$I_{\text{ср.кв}} = \sqrt{\frac{1}{N}\sum_{i=1}^{N} I_i^2}$$
Средних нагрузок $$\Delta W = 3I_{\text{ср}}^2 k_{\phi}^2 RT,$$	$$I_{\text{ср}} = \frac{1}{N}\sum_{i=1}^{N} I_i \; ; \; k_{\phi}^2 = \frac{I_{\text{ср.кв}}^2}{I_{\text{ср}}^2}$$
Времени наибольших потерь $$\Delta W = 3I_{\max}^2 \tau_0 RT$$	$$I_{\max} = \max_i\left(I_i\right), i = 1, 2, ..., N \; ; \; \tau_0 = \frac{I_{\text{ср.кв}}^2}{I_{\max}^2}$$

При наличии графика тока на интервале времени T расчет выполняют по среднеквадратическому току, расчеты по двум другим методам, в этом случае, дают такой же результат. Применение двух последних методов вызвано отсутствием полной информации о загрузке элемента сети на всем интервале времени T. Коэффициенты k_{ϕ}^2 и τ_0 носят название интегрирующих множителей и их появление и методов, в которых они используются, вызвано неполнотой информации, необходимой для расчета потерь электрической энергии по среднеквадратическому току. Интегрирующие множители могут быть приближенно получены по другим графикам, например, активной и реактивной мощности, или принимаются на основе опыта и интуиции для ряда характерных случаев.

Вероятностное потокораспределение

Расчеты потокораспределения (установившихся режимов) выполняются в большинстве задач анализа, управления и проектирования электрических систем. Методам расчета потокораспределения уделялось и уделяется в настоящее время самое пристальное внимание.

В 70-х годах прошлого столетия возникло новое направление в расчетах потокораспределения – вероятностное потокораспределение, в котором данные и результаты считались случайными величинами и появлялась возможность анали-

8

зировать результаты расчетов с точки зрения их достоверности и оценки вероятности появления различных событий. Считается, что первой работой по вероятностному потокораспределению была работа Б. Барковской в 1974 г. [1], которая получила развитие в работах [2, 3]. Следует, однако, заметить, что в 1970 г. была опубликована работа [4], в которой предлагался аналитический метод получения напряжений в узлах при вероятностно заданных нагрузках. Еще раньше в 1965 г. для моделирования режимов электрических сетей с тяговыми нагрузками в работах Д. В. Тимофеева [5] использовался метод статистического моделирования – метод Монте-Карло, который также применялся для оценки влияния погрешности в исходных данных на результаты расчетов установившихся режимов энергосистем в [6-8] (1969-1972 гг.). Аналитический метод расчета потокораспределения при случайном характере исходной информации изложен также в [9] (1972 г.) и 10] (1973 г.).

Численные методы решения уравнений установившегося режима были приспособлены к вычислению числовых характеристик случайных величин и оценке законов распределения результатов расчета.

Были использованы два направления расчётов вероятностного потокораспределения – метод статистического моделирования (метод Монте-Карло) и метод преобразования числовых характеристик (аналитический метод), основанный на различных методах линеаризации уравнений установившегося режима. Можно также говорить о смешанном подходе, использующим оба указанных направления.

В последнее время развитие вероятностного потокораспределения получило дополнительный толчок, в связи с появлением «случайной генерации», которая была вызвана массовым возникновением потребительской и промышленной генерацией на основе возобновляемых источников электрической энергии, например, [11, 12 и 13].

Вероятностно-статистический метод расчета потерь электрической энергии

Расчет потерь электрической энергии основан на определении вероятностного потокораспределения в электрической сети на основе статистической линеаризации уравнений установившегося режима [14, 15, 16] и производится по формуле:

$$\Delta W = \mathrm{M}\left[\Delta P\right]T_{\mathrm{p}}, \tag{11}$$

где $\mathrm{M}\left[\Delta P\right]$ – математическое ожидание потерь мощности или средние потери мощности ΔP_{cp} в электрической сети; T_{p} – расчетный период времени.

Расчет средних потерь в ВСМ для одной ветви схемы сети выполняется по формуле [14]:

$$\mathrm{M}[\Delta P_{ij}] = G_{ij}\left[\left(m_{U'_i} - m_{U'_j}\right)^2 + D_{U'_i} + D_{U'_j} - 2\mathrm{cov}\left(U'_i, U'_j\right) + \right.$$
$$\left. + \left(m_{U''_i} - m_{U''_j}\right)^2 + D_{U''_i} + D_{U''_j} - 2\mathrm{cov}\left(U''_i, U''_j\right)\right], \tag{12}$$

где i, j – номера узлов, примыкающих к ветви; G_{ij} – активная проводимость ветви (вещественная часть комплекса проводимости, полученного как величина обратная комплексу сопротивления ветви); U', U'' – вещественная и мнимая составляющие комплекса напряжений в узлах, отмеченные индексами номеров узлов i и j; m и D – символы математического ожидания и дисперсии переменной, записанной как их индексы.

Суммарные средние потери мощности в сети определяются как сумма средних потерь по всем ветвям схемы сети. Похожий подход к расчету потерь электрической энергии изложен в [17].

Таким образом, вычислению средних потерь мощности предшествует расчет режима электрической сети в вероятностной постановке (вероятностное потокораспределение) – вычисление математических ожиданий и ковариаций напряжений узлов электрической сети [16].

Вследствие нелинейности уравнений установившихся режимов получение математических ожиданий напряжений в узлах схемы сети наталкивается на определенные трудности. Однако, в случае т.н. мультипликативной нелинейности возможна запись системы уравнений относительно математических ожиданий и моментов второго порядка – ковариаций. Общая система уравнений состоит из преобразованных уравнений установившихся режимов и системы уравнений, определяющих связь моментов второго порядка – ковариационных матриц напряжений и мощностей в узлах. Вторая система уравнений может быть только линейной в силу сложности получения ковариации по нелинейным соотношениям.

Система уравнений установившихся режимов, записанная в декартовой системе координат, имеет мультипликативную нелинейность по напряжениям узлов. Независимыми переменными являются вещественная U_i' и мнимая U_i'' составляющие комплекса напряжения в узлах ($i = 1, ..., n - 1$), где n – общее число узлов в схеме сети.

В случае совпадения базисного и балансирующего узлов (принят номер 0) Уравнения установившихся режимов записываются в виде:

$$U_i' \cdot \sum_{j=0}^{n-1} \left(G_{ij} U_j' - B_{ij} U_j'' \right) + U_i'' \cdot \sum_{j=0}^{n-1} \left(B_{ij} U_j' + G_{ij} U_j'' \right) = P_i,$$

$$-U_i' \cdot \sum_{j=0}^{n-1} \left(B_{ij} U_j' + G_{ij} U_j'' \right) + U_i'' \cdot \sum_{j=0}^{n-1} \left(G_{ij} U_j' - B_{ij} U_j'' \right) = Q_i. \tag{13}$$

где P_i и Q_i – мощности в узлах сети; G_{ij} и B_{ij} – элементы матрицы узловых проводимостей (активная и реактивная составляющие).

Запись уравнений установившихся режимов относительно математических ожиданий составляющих комплексов напряжений в узлах с использованием ковариаций переменных получается в виде:

Математическая модель установившегося режима электрической сети, состоящей из n узлов, для числовых характеристик мощностей (исходные данные) и напряжений в узлах (искомые величины) записывается в виде [18, 19]:

11

$$\sum_{j=0}^{n-1}\left\{\begin{array}{l}G_{ij}\left[m_{U'_i}m_{U'_j}+\operatorname{cov}\left(U'_i,U'_j\right)\right]-B_{ij}\left[m_{U'_i}m_{U''_j}+\operatorname{cov}\left(U'_i,U''_j\right)\right]+\\+B_{ij}\left[m_{U''_i}m_{U'_j}+\operatorname{cov}\left(U''_i,U'_j\right)\right]+G_{ij}\left[m_{U''_i}m_{U''_j}+\operatorname{cov}\left(U''_i,U''_j\right)\right]\end{array}\right\}=m_{P,i},$$

$$\sum_{j=0}^{n-1}\left\{\begin{array}{l}-B_{ij}\left[m_{U'_i}m_{U'_j}+\operatorname{cov}\left(U'_i,U'_j\right)\right]-G_{ij}\left[m_{U'_i}m_{U''_j}+\operatorname{cov}\left(U'_i,U''_j\right)\right]+\\G_{ij}\left[m_{U''_i}m_{U'_j}+\operatorname{cov}\left(U''_i,U'_j\right)\right]-B_{ij}\left[m_{U''_i}m_{U''_j}+\operatorname{cov}\left(U''_i,U''_j\right)\right]\end{array}\right\}=m_{Q,i},$$

$$(14)$$

где m_{Pi} и m_{Qi} – математические ожидания мощностей в узлах сети; G_{ij} и B_{ij} – элементы матрицы узловых проводимостей (активная и реактивная составляющие); $m_{U'_i}, m_{U'_j}, m_{U''_i}, m_{U''_j}$ – математические ожидания вещественной и мнимой составляющих комплексов напряжений в узлах i и j;

$\operatorname{cov}\left(U'_i,U'_j\right), \operatorname{cov}\left(U'_i,U''_j\right), \operatorname{cov}\left(U''_i,U'_j\right), \operatorname{cov}\left(U''_i,U''_j\right)$ – ковариации между составляющими напряжений в узлах i и j, и

$$\mathbf{J}\operatorname{cov}(\mathbf{U}',\mathbf{U}'')\mathbf{J}^{\mathrm{T}}=\operatorname{cov}(\mathbf{P},\mathbf{Q}),\qquad(15)$$

где $\mathbf{J}$ – матрица Якоби системы уравнений (3); $\operatorname{cov}(\mathbf{U}',\mathbf{U}'')$ – ковариационная матрица составляющих комплексов напряжений в узлах; $\operatorname{cov}(\mathbf{P},\mathbf{Q})$ – ковариационная матрица мощностей в узлах, рассчитанная для расчетного периода T_{p}.

Исходными данными для расчета, кроме параметров сети, являются математические ожидания и ковариационная матрица мощностей в узлах. Эти два элемента составляют модель электропотребления за расчетный интервал времени в рассчитываемой сети.

Система уравнений (14), (15) решается одновременно, в результате чего получаются математические ожидания и ковариационная матрица составляющих комплексов напряжений в узлах. Они необходимы для вычисления математического ожидания потерь электроэнергии по формуле (12).

Следует отметить, что особенность записи уравнений (13) через вещественные и мнимые составляющие напряжений в узлах сети U', U'', в так называемой форме декартовых координат представления векторов комплексных переменных уравнений установившегося режима позволяет записать уравнения для математических ожиданий (12) и (14) вполне корректно без использования приема обычной

12

линеаризации, что невозможно при использовании полярной формы записи уравнений.

Моделирование нагрузок на интервале времени

Особенностью вероятностно-статистического подхода к расчету потерь электрической энергии является наличие математической модели электропотребления узлов электрической сети, которая строится на основе перегруппировки временной последовательности мощности нагрузки [20], рисунок 1, а и б. Профиль (график) нагрузки узла электрической сети за расчетный период T, рисунок 1, а, преобразуется в график по убыванию значений, рисунок 1, б. Далее этот график используется для получения распределения нагрузки на интервале ее изменения. При этом время T отождествляется с единицей, которая подобно распределению вероятности случайной величины распределяется по ее значениям. Оси координат меняются местами – по оси абсцисс откладываются значения рассматриваемой величины, а по оси ординат – функция распределения $F_X(x)$, рисунок 1, а, или плотность распределения, $f_X(x)$, рисунок 1, б.

Для дальнейшего использования такой вероятностной модели вариации мощности нагрузки необходимо определить ее закон распределения и числовые характеристики.

В концепции неопределенности измерений [21] имеется понятие расширенной неопределенности как дополнительной меры неопределенности измерений и, связанный с ней, так называемый коэффициент охвата k, через который оценивают интервал неопределенности измерений. Иными словами, на основе заданного уровня доверия с помощью коэффициента охвата оценивается ширина интервала, в котором лежит значение измеряемой величины.

Для выражения ширины интервала значений мощности нагрузки, изменяющейся в течение периода T, можно применить понятие коэффициента охвата из концепции неопределенности измерений. В таком случае оцениваемой величиной будет являться не ширина интервала вариации мощности нагрузки, а ее среднеквадратическое отклонение.

13

Таким образом, на основе фактической или прогнозной информации об изменении нагрузки в течение периода T, следует оценить ширину интервала вариации мощности нагрузки и с помощью коэффициента охвата вычислить ее СКО.

В теории измерений для описания неопределенности измерений в подавляющем числе случаев используются симметричные распределения вероятностей, поэтому коэффициент охвата используется для вычисления половины интервала

$$\frac{\Delta}{2} = k\sigma \text{ и } \sigma = \frac{\Delta}{2k}, \tag{16}$$

где Δ – ширина интервала вариации графика мощности нагрузки; k – коэффициент охвата; σ – среднеквадратическое отклонение.

Далее будем исходить из предположения симметричности закона распределения вариации графиков нагрузки.

Целью применения понятий концепции неопределенности к модели энергопотребления является также использование предполагаемой функции распределения для вариации нагрузки (вероятности), которая определяется на базе научного суждения, основанного на всей доступной информации о возможной изменчивости нагрузки.

Такая информация может включать:

- имеющиеся измерения графиков мощности нагрузки и электроэнергии;
- измерения и характеристики энергопотребления сходных (аналогичных) нагрузок;
- данные о заявленной и установленной мощности потребителей;
- справочные данные о характеристиках графиков нагрузки потребителей;
- экспертные оценки;
- теоретические представления о закономерностях графиков нагрузки;
- результаты исследований характеристик энергопотребления отдельных потребителей.

Самой простой оценкой величины коэффициента охвата является значение $k = 1,6$. Это соответствует вероятности попадания в интервал неопределенности равной $p = 0,9$ вне зависимости от закона распределения [21].

Для годовых графиков нагрузки характерно снижение нагрузки в летний период и возрастание к зимнему периоду. Такое изменение часто связывают с функцией косинуса и большинство потребителей и энергосистемы в целом имеют годовые графики, подчиняющиеся этой закономерности. Выделяя только вариацию графика, вызванную сезонными изменениями, можно получить распределение этой вариации. На рисунке 1, *а* представлен годовой график мощности в виде функции косинуса, а на рисунке 1, *б* – его график по продолжительности. Выполняя преобразование графика по продолжительности, в котором отрезок времени, на котором построен график, отождествляется с единицей, и оси координат меняются местами, получаем функцию распределения мощности нагрузки на интервале $[x_{min}, x_{max}]$, рисунок 1, *в*, где буквой x обозначена мощность нагрузки [22]. Плотность распределения для этого закона распределения представлена на рисунке 1, *г*. Распределение такого типа называется арксинусоидальным и относится к антимодальным распределениям. СКО арксинусоидального распределения равно:

$$\sigma = \frac{\left(x_{max} - x_{min}\right)}{2\sqrt{2}} = \frac{\Delta}{2\sqrt{2}}, \qquad (17)$$

из чего следует, что коэффициент охвата $k = \sqrt{2}$.

Для месячных графиков нагрузки, построенных по среднесуточным значениям, характерна недельная цикличность. Сама по себе месячная цикличность, как правило, не наблюдается. Таким образом, можно говорить о рабочей части недели и выходных днях. Рабочие дни похожи один на другой, хотя в некоторых случаях выделяются крайние дни – начала и конца пятидневки. Выходные и праздничные дни в общем случае различны по количеству потребления электроэнергии (математическому ожиданию), так и по вариации –СКО. Для простоты можно рассматривать два типа суток месяца – рабочие и нерабочие дни. Функция распределения месячной вариации мощности нагрузки может быть представлена ступенчатой функцией, состоящей из двух ступеней. Значения вероятностей ступеней зависят от соотношения числа рабочих и нерабочих дней. Для двухступенчатого распределения СКО зависит от вероятностей значений ступеней. Если принять существующее отношение числа нерабочих и рабочих дней месяца 0,3...0,5 (вероятности $P(x_{min})$ = 7/30...10/30), то диапазон изменения коэффициента охвата равен k = 1,06...1,18.

Суточные графики нагрузок потребителей весьма разнообразны и поэтому характеризуются различными по величине показателями. Для оценки величины коэффициента охвата были рассмотрены несколько суточных графиков нагрузки, взятые из справочников, включающих информацию для проектирования электрических систем и сетей. Результаты расчетов характеристик типовых графиков приведены в таблице 2.

Были рассмотрены и другие суточные графики ряда потребителей, снятые на предприятиях в дни контрольных замеров. В целом, можно оценить диапазон значений коэффициента охвата для суточных графиков нагрузки в интервале 1,3...1,73.

Обращаясь к теоретическим законам распределения, можно убедиться в довольно большой близости коэффициента охвата теоретических распределений и коэффициентов, полученным по статистически данным, таблица 3.

На основе оценок коэффициентов охвата, полученных для вариаций суточного, недельного (месячного) годового периода, можно получить результирующую дисперсию, например, для года, в которой будут отражены все имеющиеся вариации нагрузки.

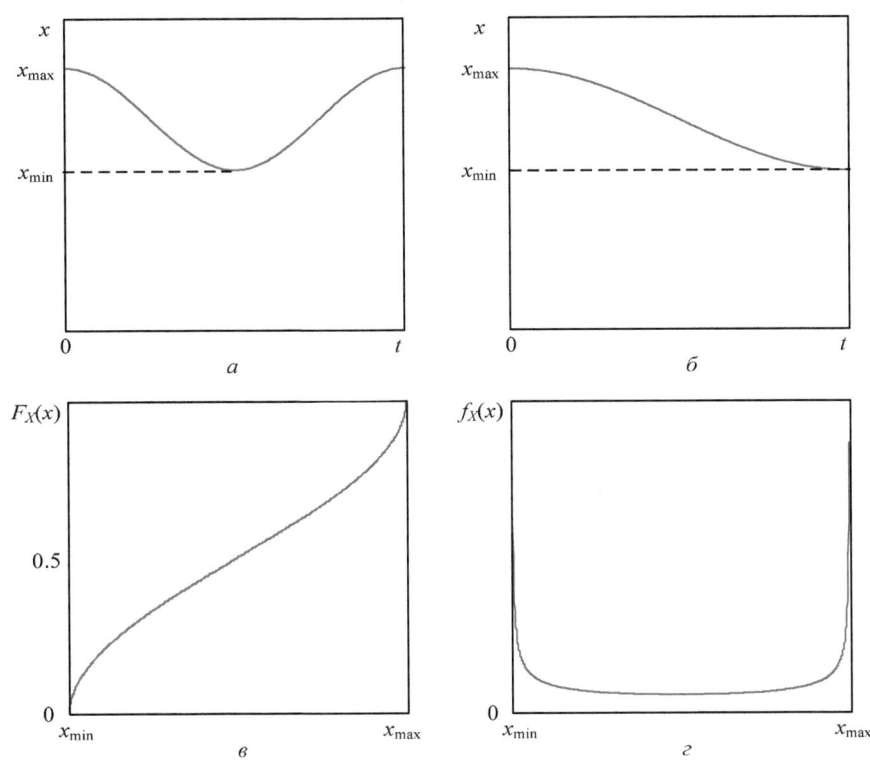

Рисунок 1 – Графики мощности нагрузки и кривые распределения

Таблица 2 – Характеристики суточных графиков нагрузки

Потребители	Среднее значение, %	СКО, %	k, о.е.
Жилое здание с газовыми плитами	42,50	26,25	1,62
Жилое здание с электрическими плитами	52,08	28,78	1,56
ТП 10(6) в жилом районе с газовыми плитами	47,92	24,18	1,55
ТП 10(6) в жилом районе с электрическими плитами	53,33	24,66	1,72
Универсам	57,92	34,95	1,29
Общественная столовая	59,17	29,76	1,34
Школа с занятиями в две смены	47,29	31,44	1,35
Распределительный пункт 10(6) кВ	68,75	26,59	1,32
Теплофикационный пункт микрорайона	95,00	3,46	1,44

Потребители	Среднее значение, %	СКО, %	k, о.е.
Преобразовательная ПС трамваев и троллейбусов	68,33	23,07	1,73
Двухсменное промышленное предприятие	68,33	22,55	1,33
ПС 110/10(6) кВ, питающая городской район с различными потребителями	80,83	18,08	1,38

Таблица 3 – Коэффициенты охвата для теоретических законов распределения

№ п.п.	Закон распределения	Коэффициент охвата	Вероятность
1	Закон равномерной плотности	$\sqrt{3} = 1,73$	1
2	Закон арксинуса	$\sqrt{2} = 1,41$	1
3	Нормальный закон	1,645	0,9
		1,96	0,95
		2,576	0,99
4	Закон равностороннего треугольника	$\sqrt{6} = 2,45$	1
5	Широкий класс наиболее употребительных законов	$\approx 1,6$	0,9

Модель электропотребления для вероятностного потокораспределения

Изменение нагрузок электрической системы во времени взаимосвязано вследствие циклических закономерностей, обусловленных суточными, недельными и годовыми периодами. Как правило, электрическая сеть располагается в одном часовом поясе и передает электрическую энергию в соответствие с единым суточным циклом. Поэтому суточные графики всех потребителей электрической сети следует рассматривать на одном временном интервале.

Недельные периоды характеризуются пониженным потреблением электрической энергии в выходные дни. Наличие праздничных дней так же меняет электропотребление и конфигурации суточных графиков нагрузки. Годовой период для большинства нагрузок характеризуется летним снижением электропотребления.

Для расчетов потерь электрической энергии за расчетный интервал времени $T_{\text{р}}$, равный суткам, месяцу или году следует учитывать не только изменения каждой нагрузки в отдельности, но и стохастические связи между ними.

В случае полных измерений мощностей нагрузок с заданной дискретностью по времени за весь интервал $T_{\text{р}}$ в каждом узле электрической сети, модель электропотребления получается без введения особых условий и по известным формулам для математических ожиданий и ковариационной матрицы мощностей узлов для статистической выборки объемом N. Измерения, необходимые для расчетов потерь электрической энергии, выполняют не для мгновенных, а усредненных значений на интервале дискретности – интегральные измерения, и обычно на часовом интервале. Таким образом, мощность нагрузки представляется графиком среднечасовых значений за время $T_{\text{р}}$.

В этом случае нет необходимости проводить расчеты сразу за весь расчетный интервал специальными расчетными методами, имеющими погрешности моделирования. Вполне приемлемо и корректно выполнить N расчетов по среднечасовым данным о нагрузкам. Этот подход и используется при наличии автоматизации измерений в темпе процесса.

В нашем случае исходной предпосылкой является отсутствие полных измерений по нагрузкам узлов. Предполагается, что известны только годовые и месячные объемы потребления электроэнергии нагрузками сети и их графики характерных суток. Кроме того, нужны данные о характере суточного и недельного потребления электрической энергии потребителей.

Рассмотрим одну из возможных моделей электропотребления электрической сети. Для этого необходимо принять несколько допущений. Вначале рассмотрим один узел нагрузки электрической сети и расчетный интервал $T_{\text{р}}$ равный одному месяцу.

На основе измерений или по типовым графикам нагрузки потребителей, подключенных к узлу сети, определим характерный суточный график нагрузки рабочего и нерабочего дня. Примем эти графики одинаковыми для соответствующих дней всего расчетного месяца, будем иметь $n_\text{р}$ рабочих и $n_\text{н}$ нерабочих суточных графиков нагрузки ($n_\text{р} + n_\text{н} = n$ – число дней в месяце).

Для модели электропотребления нужно получить математические ожидания и дисперсии мощностей нагрузок для расчетного интервала. Для суточных интервалов времени числовые характеристики получаем по выборкам из 24 значений для рабочего $m_\text{р}$, $D_\text{р}$ и нерабочего $m_\text{н}$, $D_\text{н}$ дней.

Числовые характеристики мощности нагрузки месячного интервала $m_\text{м}$, $D_\text{м}$ определим через числовые характеристики для суточных интервалов. Это можно сделать по месячному графику среднечасовых значений мощностей, составленному из $n_\text{р}$ и $n_\text{н}$ суточных графиков, или по формулам:

$$m_\text{м} = \frac{n_\text{р} m_\text{р} + n_\text{н} m_\text{н}}{n};$$
$$D_\text{м} = \frac{n_\text{р} D_\text{р} + n_\text{н} D_\text{н}}{n} + D_\text{м(с)}, \qquad (18)$$

где $D_\text{м(с)}$ – дисперсия мощности нагрузки для месячного интервала, полученная по выборке из n среднесуточных значений (математических ожиданий за суточные интервалы).

Если преобразовать месячный график среднесуточных значений в график по продолжительности, то получится двухступенчатый график, одна ступень величиной $m_\text{р}$ объемом $n_\text{р}$ рабочих, и другая $m_\text{н}$ объемом $n_\text{н}$ значений. Тогда для $D_\text{м(с)}$ будем иметь

$$D_\text{м(с)} = \frac{\sum_{i=1}^{n} m_{c,i}^2}{n} - m_\text{м}^2 = \frac{n_\text{р} m_\text{р}^2 + n_\text{н} m_\text{н}^2}{n} - m_\text{м}^2, \qquad (19)$$

где $m_{c,i}$ – математическое ожидание мощности нагрузки за i-е сутки.

Таким образом,

$$m_\text{м} = \frac{n_\text{р} m_\text{р} + n_\text{н} m_\text{н}}{n};$$
$$D_\text{м} = \frac{n_\text{р} D_\text{р} + n_\text{н} D_\text{н}}{n} + \frac{n_\text{р} m_\text{р}^2 + n_\text{н} m_\text{н}^2}{n} - m_\text{м}^2. \qquad (20)$$

Для другого месяца эти формулы будут аналогичными, однако характеристики суточного графика рабочего и выходного дня, а также их количество станут иными.

Если представить, что для всех 12 месяцев года получены $m_{\text{м},i}$, $D_{\text{м},i}$ ($i = 1,2,\ldots,12$), то для расчетного интервала равного году дисперсию можно определить по дисперсиям всех двенадцати месяцев с учетом их различия в количестве дней

$$m_{\text{г}} = \frac{\sum\limits_{1}^{12} n_i m_{\text{м},i}}{n_{\text{г}}};$$

$$D_{\text{г}} = \frac{\sum\limits_{i=1}^{12} n_{\text{м},i} D_{\text{м},i}}{n_{\text{г}}} + D_{\text{г(м)}}, \tag{21}$$

где $D_{\text{м},i}$ – дисперсия мощности нагрузки за i-й месяц; $D_{\text{г(м)}}$ – дисперсия мощности нагрузки за год, рассчитанная по среднемесячным значениям; $n_{\text{г}}$ – число дней в году.

В [20] показано, что при допущении одинаковых дисперсий суточных графиков нагрузки, а также одинаковых дисперсиях месячных графиков, дисперсия годового графика может быть получена как сумма

$$D_{\text{г}} = D_{\text{с}} + D_{\text{м(с)}} + D_{\text{г(м)}}, \tag{22}$$

где $D_{\text{с}}$ – дисперсия суточного графика нагрузки; $D_{\text{м(с)}}$ – дисперсия мощности нагрузки для месячного интервала, рассчитанная по среднесуточным значениям; $D_{\text{г(м)}}$ – дисперсия мощности нагрузки за год, рассчитанная по среднемесячным значениям.

Соотношения (18) … (21) позволяют получить дисперсию годового графика нагрузки для различающихся суточных графиков по месяцам года.

Модель электропотребления для нескольких узлов включает в себя и ковариации между мощностями нагрузок узлов. Для определения матрицы ковариаций мощностей узлов за годовой период также возможно использование соотношений (18) … (21):

21

$$\text{cov}(\mathbf{P}_\text{г}, \mathbf{Q}_\text{г}) = \frac{1}{n_\text{г}} \sum_{i=1}^{12} n_{\text{м},i}\, \text{cov}(\mathbf{P}_{\text{м},i}, \mathbf{Q}_{\text{м},i}) + \text{cov}(\mathbf{P}_{\text{г(м)}}, \mathbf{Q}_{\text{г(м)}}),$$

$$\text{cov}(\mathbf{P}_{\text{м},i}, \mathbf{Q}_{\text{м},i}) = \frac{1}{n_{\text{м},i}} \left(n_{\text{р},i}\, \text{cov}(\mathbf{P}_{\text{р},i}, \mathbf{Q}_{\text{р},i}) + n_{\text{н},i}\, \text{cov}(\mathbf{P}_{\text{н},i}, \mathbf{Q}_{\text{н},i}) \right) +$$

$$+ \text{cov}(\mathbf{P}_{\text{м(с)},i}, \mathbf{Q}_{\text{м(с)},i}), \tag{23}$$

$$\text{cov}(\mathbf{P}_{\text{м(с)},i}, \mathbf{Q}_{\text{м(с)},i}) = \frac{1}{n_i} \left(n_{\text{р},i} \mathbf{m}_{\text{р},i} \mathbf{m}_{\text{р},i}^\text{T} + n_{\text{н},i} \mathbf{m}_{\text{н},i} \mathbf{m}_{\text{н},i}^\text{T} \right) - \mathbf{m}_{\text{м},i} \mathbf{m}_{\text{м},i}^\text{T},$$

где $\text{cov}(\mathbf{P}_\text{г}, \mathbf{Q}_\text{г})$ – ковариационная матрица мощностей нагрузок для годового расчетного интервала; $\text{cov}(\mathbf{P}_{\text{м},i}, \mathbf{Q}_{\text{м},i})$ – ковариационная матрица мощностей нагрузок для i-го месяца; $\text{cov}(\mathbf{P}_{\text{г(м)}}, \mathbf{Q}_{\text{г(м)}})$ – ковариационная матрица мощностей нагрузок для годового интервала, полученная по среднемесячным значениям.; $\text{cov}(\mathbf{P}_{\text{р},i}, \mathbf{Q}_{\text{р},i})$ и $\text{cov}(\mathbf{P}_{\text{н},i}, \mathbf{Q}_{\text{н},i})$ – ковариационные матрицы мощностей нагрузок соответственно рабочих и нерабочих суток i-го месяца; $\text{cov}(\mathbf{P}_{\text{м(с)},i}, \mathbf{Q}_{\text{м(с)},i})$ – ковариационная матрица мощностей нагрузок для i-го месячного интервала, полученная по среднесуточным значениям; $\mathbf{m}_{\text{р},i}$, $\mathbf{m}_{\text{н},i}$, $\mathbf{m}_{\text{м},i}$ – вектора математических ожиданий мощностей нагрузок соответственно рабочих и нерабочих суток и всего i-го месяца.

В практических расчетах математические ожидания мощностей нагрузок оцениваются по измеренным объемам отпущенной по узам сети электрической энергии (активной и реактивной). Ковариационная матрица мощностей нагрузок за расчетный интервал равный году может быть построена на основе типовых (измеренных) суточных графиков с учетом месячных и годовых вариаций по методике, изложенной в [23] на основе коэффициента охвата, характерного для разных случаев.

Исследования, выполненные на основе экспериментальных расчетов различных схем электрических сетей [23], показывают значительное снижение погрешности расчета потерь по ВСМ по сравнению с методом средних нагрузок. При этом результаты расчетов показывают существенное влияние так называемого смещения математического ожидания напряжения в узлах вследствие использования в уравнения установившегося режима центральных моментов второго порядка, см. уравнение (14).

Условно постоянные потери электрической энергии

Нагрузки в электрических сетях в значительной степени влияют на нагрузочные потери электрической энергии, однако, так называемые потери, не зависящие от нагрузки, также подвергаются изменению во времени. Это объясняется изменением напряжений в узлах электрической сети, которые являются главным фактором, определяющим величину потерь холостого хода в трансформаторах и реакторах, а также конденсаторных батареях, разрядниках, корону на ВЛ и др.

Кроме напряжения на потери, не зависящие от нагрузки, оказывают влияние метеорологические факторы, среди которых определяющим является влажность воздуха, способная в десятки раз менять потери электрической энергии.

При моделировании электрических сетей в расчётах потокораспределения учет влияния напряжения и влажности возможен при введении функции потерь от указанных факторов. Наиболее простой формулой учета изменения напряжения в сети является квадратичная функция напряжения U для потерь мощности:

$$\Delta P_{\text{уп}} = G_{\text{Ш}} U^2, \qquad (24)$$

в которой $G_{\text{Ш}}$ – активная проводимость шунтирующего элемента, моделирующего процесс преобразования электрической энергии в тепловую.

Обе величины в (24) являются случайными величинами, которые можно считать независимыми.

Математическое ожидание $\Delta P_{\text{уп}}$ равно

$$M\left[\Delta P_{\text{уп}}\right] = M\left[G_{\text{Ш}}\right]\left(m_U^2 + D_U\right), \qquad (25)$$

где m_U и D_U – соответственно математическое ожидание и дисперсия модуля напряжения в узле электрической сети.

Аналогично уравнению (12)

$$M\left[\Delta P_{\text{уп}}\right] = M\left[G_{\text{Ш}}\right]\left(m_{U'}^2 + m_{U^\bullet}^2 + D_{U'} + D_{U^\bullet}\right). \qquad (26)$$

23

Математическое ожидание активной проводимости определяется в зависимости от вида оборудования электрической сети. Так для потерь холостого хода силовых трансформаторов считают $G_Ш = G\mu = const$, Потери в стали трансформатора будут пропорциональны квадрату напряжения (магнитной индукции) и коэффициент, рассчитанный из опыта холостого хода трансформатора. Потери на корону и от токов утечки по изоляторам можно получить по математическому ожиданию проводимости, рассчитанному в соответствии с количеством дней в расчетном интервале, соответствующим разным типам погоды по фактору влажности – хорошая погода, сухой снег, влажная погода, изморозь с учетом зависимости от региона расположения линии [2]. При наличии для конкретной ВЛ удельных усредненных за год потерь мощности $\Delta P_{уд.ср}$, удобно воспользоваться расчетом математического ожидания потерь на корону (от токов утечки) формулой

$$M\left[G_{кор}\right] = \frac{\Delta P_{уд.ср}}{U_{ном}^2}. \tag{27}$$

Математическое ожидание условно-постоянных потерь в других видах оборудования также можно рассчитать по формуле (26), но они обычно много меньше потерь холостого хода трансформаторов, потерь на корону и от токов утечки ВЛ. Поэтому их изменением под влиянием напряжения можно пренебречь и определять по номинальному напряжению.

Мониторинг фактических потерь и количества электроэнергии в электрических сетях

В настоящее время с широким внедрением АСКУЭ и АИИС КУЭ расчеты потерь электрической энергии могут выполняться за небольшие интервалы времени – в темпе процесса (on line). Ширина расчетного интервала становится равной 1 часу или 30 минутам. Однако и на таких малых интервалах времени возможны значительные изменения передаваемой мощности и здесь также необходимы подходы к расчету потерь, учитывающие вариации активной и реактивной мощности [24, 25].

В расчетах между субъектами оптового рынка электроэнергии (ОРЭ) используются данные коммерческого учета, полученные в точках учета на границах балансовой принадлежности электрических сетей. Финансовые взаиморасчеты реализуются на основе данных коммерческого учета, полученных в точках учета на границах балансовой принадлежности электрических сетей. АСКУЭ и АИИС КУЭ имеют возможность получения и хранения учетных данных как основных, так и резервных ИК, что позволяет повысить достоверность коммерческой информации о потоках электрической энергии и осуществлять диагностику ИК.

Согласно [26] системы коммерческого учёта субъектов рынка должны создаваться таким образом, чтобы зоны поставки электроэнергии (множество точек поставки) были охвачены двумя зонами учёта (множество точек учета), что необходимо для резервирования средств коммерческого учёта и контроля достоверности информации.

Существующая система учёта электроэнергии в электрических сетях далеко не всегда удовлетворяет требованиям резервирования. Одна из причин состоит в том, что после разделения электрической сети по принадлежности точки учёта остались на стороне одного из субъектов ФСК. РСК же, как правило, не имеет технической возможности установить со своей стороны точку учёта – обычно это отходящая от подстанций ФСК ЛЭП. В процессе расчёта за потери РСК предъявляются данные о поступлении электроэнергии в сеть, полученные в системе учёта ФСК. Резервирование ИК в этой ситуации чаще всего отсутствует.

По вышеперечисленным причинам РСК не может контролировать действительных объёмов полученной электроэнергии, оценивать качество поступающей коммерческой информации. Возникает необходимость в дополнительной системе контроля работы существующей АИИС КУЭ, оперативной проверке балансов электроэнергии, расчёте потерь электроэнергии, что невозможно без разработки и внедрения адекватных математических моделей.

В [27] указано, что коммерческий учет помимо измерения объемов электрической энергии и значений электрической мощности, сбора и обработки результатов измерений, должен включать процедуры формирования расчетным путем на основании результатов измерений количества произведенной и потребленной электрической энергии (мощности) в соответствующих группах точек поставки. Основная идея предлагаемого метода состоит в разделении электрической сети РСК на отдельные контролируемые зоны, в которых после завершения учётного интервала производятся расчёты электрических режимов. Как следствие закона сохранения энергии, объём электроэнергии, отдаваемый балансовой зоной должен быть равен, с учётом потерь электроэнергии, и поправкой на погрешности, объёму поставленной в зону электроэнергии.

Вычисления, основанные на законе сохранения энергии, позволяют получить значения потреблённой, либо произведённой электрической энергии в группах точек поставки, соответствующим границам балансовой принадлежности участников ОРЭ, осуществить проверку балансов и сформировать резервные данные о пропуске электроэнергии.

Балансовые зоны РСК включают распределительные сети 35-110 кВ, могут быть одной связанной сетью, или состоять из нескольких несвязанных между собой частей (деревьев), в каждом из которых возможен расчёт баланса мощностей (активной и реактивной) с учётом потерь электроэнергии.

Балансовые зоны формируются на основе:

1. Электрических схем сетей 35-110 кВ.
2. Структурных схем учёта электроэнергии в этих сетях.
3. Схем учёта электроэнергии понижающих подстанций 35 и 110 кВ.
4. Перечня точек АИИС КУЭ.

Вследствие использования уравнений установившегося режима, расчёт баланса в каждой зоне возможен в случае выполнения следующих условий:

1. Во всех ответвлениях и фидерах распределительных сетей более низкого напряжения имеются точки учёта (включая собственные нужды), по которым собираются измерения 30-минутных приращений электроэнергии (активной и реактивной).
2. Известно значение рабочего напряжения в одной из точек электрической сети.

26

3. Доступна информация о параметрах схемы замещения – величинах активных и реактивных сопротивлений, проводимостей, наличии компенсирующих устройств, их установленной мощности.

На основании [28] технические потери мощности и электроэнергии должны быть рассчитаны раздельно для нагрузочных и условно-постоянных составляющих с учётом увеличения нагрузок отдельных объектов сети на величину потерь в этих объектах.

Для перехода от мощностей к энергиям, и наоборот, необходимо использовать время как масштабный коэффициент, пропорциональный величине учётного интервала.

В процессе расчёта нагрузочных потерь электроэнергии по среднеинтервальным мощностям не учитывается разброс значений мощности (дисперсия) на интервале. Это означает, что коэффициент формы графика нагрузки на расчетном интервале принимается равным единице, а нагрузочные потери электроэнергии получают как произведение соответствующих среднеинтервальных потерь мощности на длительность учётного интервала.

Расчёт условно-постоянных потерь электроэнергии и потерь, зависящих от погодных условий, согласно [28] учитывает их зависимость от длительности учётного интервала.

Для любой точки учёта в балансовой зоне возможно сравнение расчётного и измеренного значений энергий. На этом основана диагностика измерительных комплексов путём сравнения данных измерений и рассчитанных значений для точек учёта в балансовых зонах, выявления возникающих недопустимых рассогласований, свидетельствующих, как правило, об отказах измерительной системы.

Все схемы для расчёта балансовых зон можно разделить на два типа: с избыточностью измерительной информации (числа точек учёта более чем достаточно для расчёта электрического режима), и без избыточности.

В балансовых зонах с избыточностью учётов основными диагностическими признаками отказа ИК энергии могут служить:

- существенный небаланс в данных АИИС КУЭ любой балансовой группы ИК с учётом потерь электроэнергии в балансовой зоне;
- возникновение недопустимого рассогласования в данных прямого измерения и рассчитанного значения для ИК.

В балансовых зонах без избыточности измерений основным диагностическим признаком отказа ИК служит рассогласование фактических данных со значениями, определяемыми на основе корреляционных связей с предшествующими показаниями.

Возможно сравнение измеренных и расчётных значений энергий не только на границах субъектов ОРЭ, но и внутри балансовых зон, сформированных путём дробления балансовой зоны на более мелкие расчётные районы. Выявление рассогласований в показаниях учётных каналов АИИС КУЭ внутри балансовых зон позволяет решить задачу мониторинга системы учёта в целом.

По завершении каждого измерительного цикла в балансовых зонах с избыточностью измерительной информации возможна проверка балансов мощности с учётом потерь электроэнергии в сети.

В процессе полного перебора вариантов расчётных значений для проверяемых точек учёта на основе независимости учётных данных балансовой зоны определяются те расчётные значения среднеинтервальных мощностей, которые наилучшим образом согласуются с прямыми измерениями. Такой перебор, позволяет указать ИК, отказавший с наибольшей вероятностью. Регистрируется разница в данных прямого измерения и рассчитанного значения. Результаты, по мере накопления, позволяют выявить систематическую и случайную погрешности.

В контролируемых зонах без избыточности измерений для каждого ИК по архивным данным выявляется корреляционная связь между результатами измерений в прошлом и настоящем для рабочих и празднично-выходных дней.

Однако корректное сравнение невозможно без оценки максимальной погрешности расчётного значения энергии, а также погрешности определения потерь электроэнергии.

Часть погрешностей обусловлена использованием определённых методов и алгоритмов обработки измерительной информации, другая часть – неточностью и неполнотой исходной информации.

Второй тип погрешности оценивается в процессе расчёта каждой балансовой зоны с использованием математической модели оценки погрешностей рассчитанных потоков и потерь электроэнергии.

Модель оценки погрешностей рассчитанных потоков электроэнергии основана на использовании линеаризованных уравнений установившегося режима и линейных уравнений для ковариационных матриц напряжений и мощностей.

В общем случае, при определении среднеквадратического отклонения (СКО) переменной, зависящей от нескольких случайных величин:

$$\mathbf{Y} = \mathbf{AX} \tag{28}$$

находится ковариационная матрица вектора $\mathbf{Y}$

$$\mathbf{R}_Y = \mathbf{A}\mathbf{R}_X\mathbf{A}^T, \tag{29}$$

где $\mathbf{A}$ – матрица коэффициентов.

СКО переменных вектора $\mathbf{Y}$ определяются через диагональные элементы матрицы $\mathbf{R}_Y$:

$$\sigma_{yi} = \sqrt{r_{Yii}}, \tag{30}$$

где r_{Yii} – диагональные элементы ковариационной матрицы $\mathbf{R}_Y$.

Линеаризованные уравнения установившегося режима имеют вид:

$$\mathbf{J}\begin{pmatrix} \Delta\mathbf{U}' \\ \Delta\mathbf{U}'' \end{pmatrix} = \begin{pmatrix} \Delta\mathbf{P} \\ \Delta\mathbf{Q} \end{pmatrix}, \tag{31}$$

где $\mathbf{J}$ – матрица Якоби системы уравнений установившегося режима;

$\Delta\mathbf{P}, \Delta\mathbf{Q}$ - невязки активной и реактивной мощностей в узлах,

$\Delta\mathbf{U}', \Delta\mathbf{U}''$ - добавки к составляющим напряжений в узлах.

Вычисление ковариационной матрицы напряжений выполняется по формуле

$$\mathbf{R}_U = \mathbf{J}^{-1}\mathbf{R}_{PQ}(\mathbf{J}^{-1})^T, \tag{32}$$

где $\mathbf{R}_U$ – ковариационная матрица напряжений в узлах; $\mathbf{R}_{PQ}$ – ковариационная матрица мощностей в узлах (составляется по среднеквадратическим отклонениям активных и реактивных мощностей, полученных по известным погрешностям каждого ИК).

Диагональные элементы матрицы $\mathbf{R}_U$ – дисперсии составляющих комплексов напряжений в узлах расчетной схемы.

Аналогично можно определить ковариационные матрицы остальных параметров режима (потоков и потерь мощности), а также дисперсию мощности балансирующего узла. Так, для ковариационной матрицы потоков мощности по ветвям схемы сети $\mathbf{R}_{PQ}$ имеем выражение через матрицу $\mathbf{J}_\text{B}$:

$$\mathbf{R}_{\text{B}PQ} = \mathbf{J}_\text{B}\mathbf{R}_U\mathbf{J}_\text{B}^\mathsf{T} \ , \qquad (33)$$

где $\mathbf{J}_\text{B}$ – матрица производных потоков мощностей по ветвям расчётной схемы по мнимым и действительным составляющим напряжения.

Подобно (32) на диагонали матрицы $\mathbf{R}_{\text{B}PQ}$ находятся дисперсии потоков мощности, которые с учётом длительности учётного интервала преобразуются к дисперсиям энергий.

Погрешность в определении ссуммарных нагрузочных потерь может быть вычислена по аналогии с формулой (30) на основании следующего выражения:

$$\sigma_{\Delta P} = \sqrt{D_{\Delta P}} \ , \qquad (34)$$

где $D_{\Delta P} = \mathbf{J}_{\Delta P}\mathbf{R}_U\mathbf{J}_{\Delta P}^\mathsf{T}$; $\mathbf{J}_{\Delta P}$ – матрица-строка частных производных от выражсния суммарных потерь по составляющим напряжений узлов.

Система уравнений установившегося режима в большинстве случаев не является существенно нелинейной, поэтому законы распределения полученных погрешностей и закон распределения исходных параметров – погрешностей мощностей по ИК можно считать одинаковыми. Следовательно, применяя коэффициент, характерный для закона распределения погрешностей ИК можно получить предельную погрешность рассчитанных параметров режима.

30

Поскольку без оценки погрешностей нельзя считать, что физическая величина определена, необходим анализ источников погрешностей. Каждый вид погрешности необходимо оценить и на эту оценку скорректировать полученный результат.

Можно выделить несколько наиболее важных факторов, влияющих на результат определения расчётного потока мощности:

1. Погрешность, обусловленная классом точности измерительного прибора.

2. Классы точности измерительных трансформаторов тока и напряжения;

3. Случайные факторы, например, погодные условия.

4. Погрешность, зависящая от неполноты исходной информации, например, неизвестность величин напряжений в узлах.

5. Погрешность определения параметров схемы замещения – активных, реактивных сопротивлений и проводимостей.

6. Неучёт дисперсии потока мощности на учётном интервале, то есть использование среднеинтервальных значений потоков мощности.

7. Погрешность, обусловленная точностью расчёта режима.

Рассмотрим некоторые источники погрешностей и оценим их влияние на расчётные значения потерь мощности и потоков мощностей.

Оценка влияния неполноты исходной информации.

Для оценки погрешности, зависящей от неполноты исходной информации (величина напряжения базисного узла – неизвестна) произведены расчёты энергий головных участков одной двухтрансформаторной подстанции.

Схема подстанции представлена на рисунке 2, где приборы учёта присоединены к обозначенным измерительным трансформаторам тока (показаны на схеме), и к измерительным трансформаторам напряжения (на схеме не показаны). На основании средних значений активной и реактивной мощностей за каждые 30 минут пятнадцати суток рассчитаны энергии головных участков за каждые сутки при различных напряжениях – 100, 115 и 121 кВ.

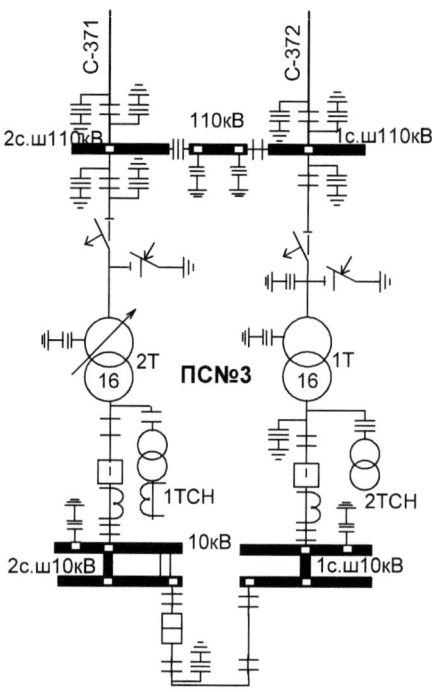

Рисунок 2 – Электрическая схема подстанции 110/10 кВ

Результаты расчётов показали, что максимальные изменения расчётных данных составили:

- для активной энергии 0,622 тыс. кВт·ч. (0,3 %);
- для реактивной энергии 12,07 тыс. квар·ч (17 %).

Оценка влияния осреднения потоков мощности.

В связи с тем, что в течение расчётного отрезка времени перетоки мощности на любом элементе отличаются от средних, получаемых по показаниям счётчиков, расчёт потерь мощности необходимо производить с учётом графика загрузки элемента. График токовой загрузки элемента обычно неизвестен, в связи с чем, при некоторых допущениях нагрузочную составляющую технических потерь мощности можно вычислять, используя следующую формулу [29]:

$$\Delta P_{ij} = \frac{\bar{P}_{ij}^2 + \sigma^2_{\bar{P}_{ij}} + \bar{Q}_{ij}^2 + \sigma^2_{\bar{Q}_{ij}}}{U^2} \cdot R_{ij}, \tag{35}$$

где $\bar{P}_{ij}$, $\bar{Q}_{ij}$ – математические ожидания перетоков мощности, получаемые на основе показаний счётчиков; $\sigma_{\bar{P}_{ij}^2}$, $\sigma_{\bar{Q}_{ij}^2}$ – дисперсии этих перетоков.

Рассмотрим в качестве примера линию с номинальным напряжением $U = 110$ кВ и активным 5 Ом (длина 10 км, $r_0 = 0,5$ Ом/км). Пусть в конце линии расположена нагрузка: $P = 10$ МВт, $Q = 5$ Мвар. Для простоты зарядную мощность линии учитывать не будем. Расчет потерь активной мощности в линии по средним значениям (случай I) дает:

$$\Delta P^{\mathrm{I}} = \frac{P^2 + Q^2}{U_{\text{ном}}^2} \cdot R = \frac{10^2 + 5^2}{110^2} \cdot 5 = 0.05165 \text{ МВт.}$$

Принимая среднеквадратические отклонения потоков мощностей на уровне 10% от величины потока мощности, по формуле (12) (случай II) получим:

$$\Delta P^{\mathrm{II}} = \frac{P^2 + \sigma_P^2 + Q^2 + \sigma_Q^2}{U^2} \cdot R = \Delta P^{\mathrm{I}} + \frac{\sigma_P^2 + \sigma_Q^2}{U^2} \cdot R =$$

$$= \Delta P^{\mathrm{I}} + \frac{\sigma_P^2 + \sigma_Q^2}{U^2} \cdot \frac{P^2 + Q^2}{P^2 + Q^2} \cdot R = \Delta P^{\mathrm{I}} + \frac{\sigma_P^2 + \sigma_Q^2}{P^2 + Q^2} \cdot \Delta P^{\mathrm{I}} =$$

$$= \Delta P^{\mathrm{I}} \cdot \left(1 + \frac{\sigma_P^2 + \sigma_Q^2}{P^2 + Q^2} \right) = 0.05165 \cdot \left(1 + \frac{1^2 + 0.5^2}{10^2 + 5^2} \right) =$$

$$= 0.05165 \cdot 1.01 = 0.05216 \text{ МВт.}$$

Из полученных соотношений видно, что вклад дисперсионных составляющих потерь можно оценить величиной $\left(1 + \dfrac{\sigma_P^2 + \sigma_Q^2}{P^2 + Q^2} \right)$. В рассматриваемом примере учёт дисперсии потоков мощностей приведёт к увеличению потерь приблизительно на 1 %.

Такая несколько оценка завышена, т.к., во-первых, для линий зарядная мощность уменьшает поток реактивной мощности по ВЛ, и, следовательно, потери активной мощности, во-вторых, среднеквадратическое отклонение потоков мощностей в течение суточного интервала меньше 10%.

Расчёты, приведённые в [29] подтверждают, что погрешность определения потерь мощности на отдельных элементах сети не превышает 1 %.

Оценка влияния неточностей в определении активных сопротивлений схемы замещения.

Активное сопротивление ВЛ зависит от ряда факторов:

- погрешность в расчете длины трассы ВЛ (± 1 %);
- недоучёт поверхностного эффекта ($\pm 1,5...3$ %);
- влияние колебаний температуры окружающего воздуха и скорости ветра ($-16...+20$ %).

Результирующая погрешность в определении активных сопротивлений, обусловленная ошибками в задании длин линий, неучётом поверхностного эффекта и метеорологических условий, заключена в пределах $-18...+22$ %.

Погрешности задания активного сопротивления трансформаторов вызваны, главным образом, неучётом их изменения при работе устройств РПН, а также допусками в определении основных каталожных электрических величин. Погрешности в определении активного сопротивления трансформаторов не может быть меньше 10 % [30].

Введём коэффициент k_R одинаковый для всех сопротивлений продольных ветвей схем замещения ВЛ, который при умножении его на сопротивление ветви корректирует сопротивление до действительного значения.

$$\Delta P_\Sigma = k_R \sum_{i=1}^{m} I_i^2 R_i. \tag{36}$$

Поправка на температуру даст наибольший вклад в снижение погрешности, зависящей от неточности задания активного сопротивления ЛЭП. Согласно [31] расчётные значения активных сопротивлений проводов ВЛ $R_\text{п}$ определяются с учётом температуры провода, зависящей от средней за расчетный период температуры окружающего воздуха $t_\text{в}$ и плотности тока в проводе j, А/мм^2:

$$R_n = R_{20}\left[1 + 0,004\left(t_\text{в} - 20 + 8,3 j^2 \sqrt{F/300}\right)\right], \tag{37}$$

где R_{20} – сопротивление провода при сечением F, мм^2, при температуре провода равной 20 °C.

В случае отсутствия данных по температуре окружающего воздуха, можно брать среднесезонную температуру для климатического района, где проложена ВЛ. Таким образом, приближенно можно считать, что погрешность в определении потерь мощности пропорциональна погрешности в определении активных сопротивлений схемы замещения электрической сети. Величина этой погрешности без корректировки активных сопротивлений может быть принята ±18 % (σ = 6 %. при нормальном законе распределения).

Вычислительная погрешность.

Величина вычислительной погрешности связана с численным методом решения уравнений установившегося режима. Этот метод в силу нелинейности уравнений является итерационным, и погрешность вычисления определяется величиной суммарного небаланса мощностей в узлах сети при прерывании итерационного процесса.

Величину допустимого небаланса легко изменить в программе расчёта режима и поэтому погрешность от прерывания итерационного процесса можно снизить до приемлемой величины. В программе для решения уравнений установившегося режима использован метод Ньютона, а контроль сходимости итерационного процесса ведётся по евклидовой норме вектора небалансов на каждой итерации. Допустимой евклидовой нормой принята величина 0.001 МВ·А.

Результирующая погрешность.

На основании оценок погрешностей, можно заключить, что результирующая погрешность расчёта потерь электроэнергии в реальном времени пропорциональна погрешности в определении активных сопротивлений схемы замещения электрической сети. Величина этой погрешности без корректировки активных сопротивлений может быть принята ±18 % (σ = 6 % при нормальном законе распределения).

Особенности вычисления потерь электроэнергии на учетных интервалах при реверсивных перетоках мощности

На современном этапе функционирования энергетики в России, характеризуемом функционированием ОРЭ и мощности и РРЭ, созданы взаимоотношения между гарантирующими поставщиками (энергоснабжающими и энергосбытовыми организациями ОРЭ) и РСК в части покупки и продажи потерь электрической энергии по регулируемым и нерегулируемым ценам.

При несовпадении точек измерений с точками поставки ОРЭ расчёт потерь электрической энергии является одной из самых сложных задач, которую приходится коммерческому оператору при расчётах плановых режимов субъектов ОРЭ в режиме на сутки вперёд в актуализированной расчётной модели ОРЭ и субъектам ОРЭ при согласовании актов учёта перетоков и актов оборота.

В данных условиях в наиболее сложной ситуации находятся именно субъекты ОРЭ, поскольку они лишены возможности применять централизованную расчётную модель ОРЭ, а вынуждены сами создавать алгоритмы расчётного определения потерь в элементах сетей, расположенных между точками измерений и поставки [32]. В дополнение к этому, субъектам ОРЭ требуется согласовать такие алгоритмы с коммерческим оператором и между собой, подписав соглашение об информационном обмене, и впоследствии придерживаться согласованного алгоритма при определении итоговых значений учётных показателей.

Как правило, сети федеральной сетевой компании исключены из границ балансовой принадлежности субъектов ОРЭ, и алгоритмы расчёта потерь электроэнергии в элементах сетей составляются для сетей РСК, чтобы распределить между покупателями ОРЭ объёмы купленных за РСК потерь на ОРЭ. Эти алгоритмы зачастую весьма упрощены, а иногда и вообще не имеют сколь-нибудь достаточного теоретического обоснования. Вдобавок к этому, существуют ситуации, для которых даже в научной среде нет чёткой и обоснованной методики определения потерь электроэнергии. Одной из таких ситуаций, является проблема расчёта на основе данных коммерческого учёта потерь электроэнергии на временных интервалах ОРЭ в электрических сетях с реверсивными перетоками мощности при произвольной конфигурации сети и произвольном количестве точек измерений, в которых возможен реверсивный переток мощности.

Построение математической модели, пригодной для определения потерь электроэнергии имеет следующие особенности [33]:

- любой достаточно точный расчёт потерь электроэнергии требует моделирования установившихся режимов, а значит наличия исходной информации о параметрах составляемой для расчёта установившихся режимов схемы замещения;

- в [34] показаны недостатки непосредственного моделирования процессов распределения энергии средними за период мощностями, получаемыми на основе измерительной информации, и указано на необходимость учёта при моделировании с помощью установившихся режимов дисперсий исходной информации для получения достаточно точных значений потерь электроэнергии.

Таким образом, в рамках построения требуемой математической модели, имеет смысл моделировать процесс распределения энергии в сетях РСК на основе расчётов установившихся режимов по средним за расчетный период мощностям и их дисперсиям.

Математическая модель для расчета потерь электроэнергии на основе вероятностного потокораспределения приведена выше в разделе «Вероятностно-статистический метод расчета потерь электрической энергии».

Для определения математических ожиданий и дисперсий мощностей в узлах электрической сети естественно воспользоваться статистической обработкой архивов телеизмерений, соответствующих расчётному отрезку времени. Однако на расчетном интервале в 1 час, за который происходит считывание учетной информации, статистика весьма ограничена. В качестве учетных данных за расчетный интервал имеется только величина активной и реактивной энергии в прямом и

37

обратном направлении. Некоторые счетчики электроэнергии, позволяют измерять активную и реактивную энергию, а также среднюю активную и реактивную мощность в двух направлениях. В случае, когда вариация мощности на каждом из этих двух интервалов незначительна, и ей можно пренебречь, возможны следующие способы вычисления дисперсии активной и реактивной мощности в узлах:

1. При известных W^+ (количество переданной энергии в прямом направлении) и W^- (количество переданной энергии в обратном направлении) предполагаем одинаковое время передачи энергии как в прямом, так и в обратном направлении:

$$M[P] = \frac{1}{\Delta t}\left(W_P^+ - W_P^-\right); \; M[Q] = \frac{1}{\Delta t}\left(W_Q^+ - W_Q^-\right);$$

$$D[P] = 0{,}5\left[\left(\frac{2}{\Delta t}W_P^+ - M[P]\right)^2 + \left(\frac{2}{\Delta t}W_P^- - M[P]\right)^2\right]; \quad (38)$$

$$D[Q] = 0{,}5\left[\left(\frac{2}{\Delta t}W_Q^+ - M[Q]\right)^2 + \left(\frac{2}{\Delta t}W_Q^- - M[Q]\right)^2\right].$$

2. При известных W^+ и W^-, а также средних активной и реактивной мощностей в двух направлениях $\overline{P^+}, \overline{P^-}$ и $\overline{Q^+}, \overline{Q^-}$.

$$M[P] = \frac{\overline{P^+}\Delta t^+ - \overline{P^-}\Delta t^-}{\Delta t^+ + \Delta t^-}; \; M[Q] = \frac{\overline{Q^+}\Delta t^+ - \overline{Q^-}\Delta t^-}{\Delta t^+ + \Delta t^-};$$

$$D[P] = \frac{1}{\Delta t^+ + \Delta t^-}\left[\left(\frac{1}{\Delta t^+}W_P^+ - M[P]\right)^2\Delta t^+ + \left(\frac{1}{\Delta t^-}W_P^- - M[P]\right)^2\Delta t^-\right]; \quad (39)$$

$$D[Q] = \frac{1}{\Delta t^+ + \Delta t^-}\left[\left(\frac{1}{\Delta t^+}W_Q^+ - M[Q]\right)^2\Delta t^+ + \left(\frac{1}{\Delta t^-}W_Q^- - M[Q]\right)^2\Delta t^-\right],$$

где $\Delta t^+, \Delta t^-$ – соответственно времена передачи энергии в прямом и обратном направлениях.

В качестве примера рассмотрим линию электропередачи 110 кВ с параметрами схемы замещения: $R = 9{,}96$ Ом; $X = 17{,}08$ Ом; $B = 104$ мкСм.

Для точки учета в конце линии (узел 1) имеем активную электроэнергии, переданную в линию за 1 час – 10 тыс. кВт·ч и полученную из линии в течение того же часа – 30 тыс. кВт·ч. Соответственно для реактивной электроэнергии это 5 и 15 тыс. квар·ч, таблица 4. Напряжение на другом конце линии (узел 0) в течение часа поддерживалось равным 118 кВ.

Вначале были выполнены расчеты двух установившихся режимов – в режиме передачи энергии в линию, а затем получения энергии из линии. При этом потери мощности составили величины, приведенные в таблице. Полагая интервалы передачи и приема энергии равными 30 минутам, имеем потери на часовом интервале: для активной энергии 2,1 тыс. кВт·ч и реактивной энергии 2,19 тыс. квар·ч, таблица 5.

Расчеты, выполненные по вероятностным моделям дали схожие результаты, см. таблица 2. При этом в среднем на часовом интервале математические ожидания и (СКО) соответственно для активной и реактивной мощности составили: 20 (40) МВт и –10 (20) Мвар. Вероятностная модель 2 отличается от первой учетом корреляции между активной и реактивной мощностью (энергией). Во второй модели, учитывая жесткую связь мощностей по направлению, коэффициент корреляции принят равным единице.

Таблица 4 – Количество переданной электроэнергии и мощности по интервалам направления

Параметр	Переданная в прямом направлении		Переданная в обратном направлении	
	активная	реактивная	активная	реактивная
Электроэнергия, тыс. кВ·А·ч	10	5	30	15
Средняя мощность / СКО, МВт (Мвар)	20	10	60	30
Потери мощности, МВт (Мвар)	0,350	−0,887	3,842	5,262

Таблица 5 – Потери электроэнергии, рассчитанные разными способами

Способ расчета	Потери активной электроэнергии, тыс. кВт·ч	Потери реактивной электроэнергии, тыс. квар·ч
Расчет раздельно по интервалам	2,096	2,187
Расчет по вероятностной модели 1	2,009	2,038
Расчет по вероятностной модели 2	2,047	2,104

Рассмотренный метод позволяет непосредственно рассчитывать потери электроэнергии с достаточно низкой погрешностью (для приведённого примера – около 2 % по потерям активной электроэнергии) при наличии реверсивных перетоков мощности в сетях.

Оценка погрешности методов расчетов потерь электрической энергии

Использование интегрирующих множителей в традиционных методах расчета потерь электрической энергии вносит существенную погрешность в результаты расчетов в силу невозможности получить указанные множители для каждого элемента сети и использования некоторого одного усредненного значения. Кроме того, не учитываются стохастические связи между мощностями нагрузок узлов на расчетном интервале времени и практически невозможно рассчитать потери при реверсивных перетоках электроэнергии. ВСМ позволяет учесть перечисленные факторы, но безусловно содержит неизбежные методические и информационные погрешности.

Рассмотрим структуру погрешностей расчета потерь электроэнергии [23], приведенную в [35] для традиционных методов расчета потерь электроэнергии и сделаем анализ этих погрешностей применительно к ВСМ. В таблице 6 дано описание этих погрешностей и их отношение к ВСМ.

Таблица 6 – Погрешности методов расчета потерь электроэнергии

Погрешность	Наименование погрешности	ВСМ
Методические погрешности		
Погрешность, обусловленная неадекватностью отражения величинами τ и k_ϕ^2, определенными по графику суммарной нагрузки сети, потерь в элементах сети, каждый из которых имеет свой график нагрузки с индивидуальными значениями τ и k_ϕ^2	Погрешность неадекватности $\delta_{\text{на}}$	Отсутствует
Погрешность, обусловленная использованием параметров графиков нагрузки контрольных суток для всего расчетного периода T	Погрешность временной неоднородности графиков нагрузки $\delta_{\text{вр}}$	Отсутствует
Погрешность, обусловленная использованием для расчета величин τ и k_ϕ^2 приближенных формул	Методическая погрешность $\delta_{\text{пр}}$	Отсутствует
Информационные погрешности		
Погрешность расчета потерь электроэнергии, обусловленная погрешностями данных об узловых нагрузках	$\delta_{\text{у}}$	Равна погрешности измерения
Погрешность расчета интегрирующих множителей τ и k_ϕ^2 по приближенным формулам, обусловленная погрешностью используемого в этих формулах коэффициента заполнения графика нагрузки	$\delta_{\text{кз}}$	Отсутствует
Погрешность, обусловленная неточностью задания параметров участков сети	$\delta_{\text{пс}}$	Входит

Применительно к ВСМ следует ввести его методическую погрешность, которая обусловлена использованием приближенными оценками дисперсий мощностей нагрузок и коэффициентов корреляции между ними. Кроме того, имеется погрешность модели режима, записанной относительно числовых характеристик входящих туда переменных. Она вызвана введением линеаризованной зависимости между ковариационными матрицами напряжений и мощностей в узлах сети [18].

Таким образом, из погрешностей, присущих традиционным методам, для ВС метода остаются только погрешности в исходных данных δ_y и $\delta_{пс}$, но имеются свои погрешности – методическая и погрешность моделирования.

В работе проведены экспериментальные исследования величины погрешности ВСМ для нескольких факторов и разных схем электрических сетей. Так, получено, что с увеличением протяженности линий электропередачи и загрузки электрической сети погрешность расчёта потерь электроэнергии увеличивается, а с увеличением коэффициента заполнения графиков нагрузки – снижается. Зависимость погрешности от величины коэффициента заполнения графика нагрузки приведена на рисунке 3.

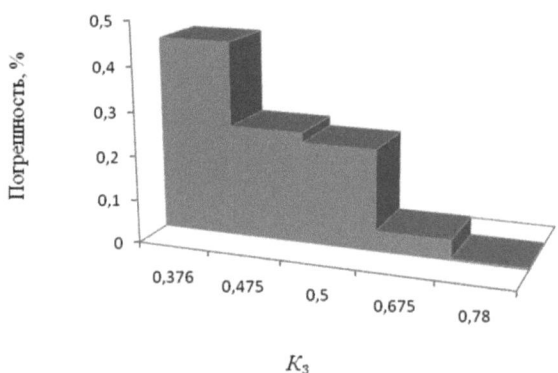

Рисунок 3 – График зависимости величины погрешности от коэффициента заполнения ($U_{ном} = 35$ кВ)

Для исследования возможностей и точности расчёта потерь электроэнергии ВСМ была составлена программа в среде математического пакета MatLab, в которой расчёт осуществлялся тремя методами:

- эталонный;
- средних нагрузок;
- вероятностно-статистический.

42

Эталонным методом является расчёт числовых характеристик результатов при представлении исходных данных – мощностей в узлах – дискретными величинами – 24-мя значениями графика нагрузки и расчетом всех режимов с последующим суммированием потерь.

МСН основан на расчёте режима средних нагрузок за расчётный период и коэффициенте формы графика нагрузки активной мощности центра питания (балансирующего узла).

Для ВСМ проводились два расчёта: без смещения математического ожидания напряжения в узлах и со смещением (разница в этих двух моделях в том, что в более точной модели – со смещением математических ожиданий – в уравнения установившегося режима входят центральные моменты второго порядка).

В этой программе были проведены оценочные расчеты потерь электроэнергии в нескольких схемах электрических сетей.

Характеристики схем, для которых проводился расчёт, представлены в таблице 7.

Таблица 7 – Характеристика расчётных схем

$U_{ном}$, кВ	Количество узлов (без балансирующего узла)	Количество ветвей
220	3	3
35/110/220	7	9
10	21	21
110/220	26	28
110/220	31	36
6/10/35/110	36	37

В таблице 8 представлены потери электрической энергии, рассчитанные по трём методам, названным выше, а в таблице 9 – погрешности приближённых методов относительно эталонного метода.

Таблица 8 – Сопоставление потерь электрической энергии ΔW, рассчитанных разными методами для суточного интервала времени

$U_{ном}$	ΔW по эталонному методу, МВт·ч	ΔW по МСН, МВт·ч	ΔW по ВСМ (модель 1), МВт·ч	ΔW по ВСМ (модель 2), МВт·ч
220	36,20	35,23	36,11	36,17
35/110/220	184,00	130,07	167,35	177,85
10	3,95	3,79	3,87	3,92
110/220	189,00	177,47	183,43	187,22
110/220	391,00	347,60	375,19	398,68
6/10/35/110	29,40	28,36	29,24	29,40

Таблица 9 – Погрешности приближённых методов относительно эталонного метода.

$U_{ном}$	Погрешность МСН, %	Погрешность ВСМ (модель 1), %	Погрешность ВСМ (модель 2), %
220	2,69	0,24	0,07
35/110/220	29,31	9,05	3,34
10	4,10	2,05	0,64
110/220	6,10	2,95	0,94
110/220	11,10	4,04	1,96
6/10/35/110	3,53	0,54	0,002

Из таблицы 9 видно, что ВСМ дает всегда меньшую, а в отдельных случаях значительно меньшую погрешность, чем метод средних нагрузок.

Приведем результаты расчета потерь электрической энергии на одном примере. В схеме электрической сети, изображенной на рисунке 4, рассчитываются потери электрической энергии за сутки. Схема состоит из трех ЛЭП напряжением 220 кВ, выполненных проводом АС-240/32. Каждая линия имеет две цепи и длину 70 км. Схема имеет два узла с нагрузками. Расчет производился для трех случаев (числовые данные приведены в мегаваттах и мегаварах):

    ✓   при однородной нагрузке

$\underline{m}_{S1} = 78,5 + j19,7$; $\underline{m}_{S2} = 83,7 + j21,0$, а СКО: $\underline{\sigma}_{S1} = 43,1 + j10,8$; $\underline{\sigma}_{S2} = 45,1 + j11,5$;

✓ при разнородной нагрузке

$\underline{m}_{S1} = 89,0 + j22,3$; $\underline{m}_{S2} = 123,0 + j108,5$, а СКО: $\underline{\sigma}_{S1} = 48,9 + j12,3$; $\underline{\sigma}_{S2} = 42,4 + j37,4$;

✓ при генерации и потреблении

$\underline{m}_{S1} = -94,2 - j23,6$; $\underline{m}_{S2} = 136,7 + j120,5$, а СКО: $\underline{\sigma}_{S1} = 51,7 + j13,0$; $\underline{\sigma}_{S2} = 47,1 + j41,5$;

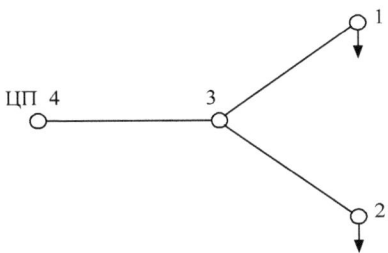

Рисунок 4 – Схема электрической сети 220 кВ

За эталонный метод был принят расчет по часовым значениям графиков нагрузки P и Q узлов 1 и 2. Расчеты были выполнены вероятностно статистическим методом и методом средних нагрузок, для которого коэффициент формы графика нагрузки был рассчитан по графику головного участка сети. Результаты расчета средних потерь мощности, потерь электроэнергии и погрешности результатов приведены в таблице 10.

Таблица 10 – Результаты расчета потерь электроэнергии по разным методам

Метод расчета	Средние потери мощности, МВт	Потери электрической энергии, тыс. кВт·ч	Погрешность расчета, %
	однородная нагрузка		
Эталонный расчет	4,395	105 475	–
Метод средних нагрузок	4,137	99 290	–5,864
ВСМ	4,389	105 342	–0,144
	разнородная нагрузка		
Эталонный расчет	9,578	229 878	–

Метод расчета	Средние потери мощности, МВт	Потери электрической энергии, тыс. кВт·ч	Погрешность расчета, %
Метод средних нагрузок	8,807	211 370	−8,051
ВСМ	9,629	231 103	0,533
	генерация и потребление		
Эталонный расчет	5,318	127 642	−
Метод средних нагрузок	5,092	122 211	−4,255
ВСМ	5,319	127 655	0,010

Таким образом, ВСМ расчета потерь электроэнергии имеет в большей мере другие виды погрешностей, но в нем также остаются погрешности в исходных данных. Экспериментальные исследования погрешностей в расчетах потерь электроэнергии показывают значительное снижение погрешностей результатов расчета по сравнению с традиционными методами.

Литература

1. Borkowska B, "Probabilistic load flow", IEEE Trans. Power Apparatus and Systems, vol. PAS-93, no. 3, pp 752-755, May-Jun, 1974

2. Allan R. N., Borkowska B. and Grigg C. Y., "Probabilistic analysis of power flows", Proceedings of the Institution of Electrical Engineers (London), vol. 121, no. 12, pp. 1551-1556, Dec. 1974

3. Leite da Silva A.V., Ribeiro S. M. P., Arienti V. L., Allan R. N. and Do Coutto Filho M. B., "Probabilistic load flow techniques applied to power system expansion planning", IEEE Trans. Power Systems, vol.5, no.4, pp.1047-1053, Nov. 1990

4. Липес А.В., Скляров Ю.С. Расчеты режимов районных электрических сетей при статистически заданных нагрузках // Тр. Уральского политехнического ин-та. Сб. 182, Свердловск, 1970

5. Тимофеев Д.В. Режимы в электрических системах с тяговыми нагрузками. М.: Энергия, 1965

6. Тийгимяги Э.А. Учет вероятностного характера нагрузок при расчете электрических сетей методом узловых напряжений // Тр. Таллинского политехнического ин-та, сер. А, № 275, Таллин, 1969

7. Цукерник Л.В., Коробчук К.В., Черненко П.А. Статистические модели оценки влияния погрешности исходных данных на результаты расчета установившегося режима и статической (апериодической) устойчивости энергосистем // В сб. «Проблемы технической электродинамики». Вып. 6, Киев: Наукова думка, 1972

8. Идельчик В.И., Крумм Л.А. Методика экспериментального исследования влияния случайных погрешностей исходных данных на результат расчета стационарных и мгновенных оптимальных режимов // Изв. АН СССР Энергетика и транспорт, 1969, № 6

9. Гамм А.З., Крумм Л.А. Методы оптимизации режима электроэнергетических систем при случайном характере исходной информации // Изв. АН СССР Энергетика и транспорт, 1972, № 1

10. Манусов В.З., Лыкин А.В. Расчет установившихся режимов электрических систем с учетом вероятностного характера нагрузок // Изв. СО АН СССР, сер. техн. наук. Вып. 1, 1973, № 3. – С. 88-91

11. Hatziargyriou N. D., Karakatsanis T. S. and Papadopoulos M., "Probabilistic load flow in distribution systems containing dispersed wind power generation," IEEE Trans. Power Systems, vol.8, no.1, pp.159-165, Feb. 1993

12. P. Jorgensen, J. Christensen, J. Tande, "Probabilistic Load Flow Calculation Using Monte Carlo Techniques for Distribution Network with Wind Turbines", in Proc. 8th International Conf. Harmonics and Quality of Power, Vol. 2, pp. 1146 –1151, Athens, Greece, 1998

13. Aien M, Ramezani R., Ghavami S. M. "Probabilistic Load Flow Considering Wind Generation Uncertainty". ETASR - Engineering, Technology & Applied Science Research. Vol. 1, No. 5, 2011, 126-132

14. Лыкин А.В. Расчет потерь электрической энергии методом статистической линеаризации. В сб. «Режимы электрических сетей и систем». Изд. Новосибирского электротехнического института, Новосибирск, 1974. – С. 47-50

15. Манусов В.З., Лыкин А.В. Анализ режимов электрических систем методом статистической линеаризации // Изв. СО АН СССР, сер. техн. наук, вып. 2, 1974, № 8. – С. 137-144

16. Манусов В.З., Лыкин А.В. Вероятностный анализ установившихся режимов электрических систем // Электричество, 1981, № 4. С. 7-13

17. Паздерин А.В. Расчет технических потерь электроэнергии на основе решения задачи энергораспределения // Электрические станции, 2004. – С. 44-49

18. Лыкин А.В., Жилина Н.А., Нестерова А.Н. Расчёт потерь электрической энергии в электрических сетях вероятностно-статистическим методом // Электроэнергетика глазами молодёжи. Научные труды всероссийской научно-технической конференции. Сборник статей. В 2 т. Екатеринбург: УрФУ, 2010. Т. 1. – С. 314-318

19. Жилина Н. А., Лыкин А. В. Расчет нагрузочных потерь электрической энергии вероятностно-статистическим методом // Научный вестник НГТУ, том 55, № 2, 2014, С. 176–182.

20. Лыкин А.В., Жилина Н.А. Определение параметров математической модели энергопотребления узлов электрической сети в расчетах потерь электрической энергии / А.В. Лыкин, Н.А. Жилина // Электроэнергетика глазами молодёжи: научные труды международной научно-технической конференции: Сборник статей. В 2 т. – Екатеринбург: УрФУ, 2012. Т2. – С. 398-402

21. Мокров Ю.В. Метрология, стандартизация и сертификация: Учеб пособ. Дубна: Изд. Междунар. ун-т природы и человека, 2007. – 132 с.

22. Лыкин А. В., Вронская Н. В. Расчет потерь электрической энергии методом статистических испытаний // В сб. Труды научно-техн. конф. НГТУ, 2004

23. Лыкин А.В., Жилина Н.А., Нестерова А. Н. Исследование погрешностей в расчете потерь электрической энергии вероятностно-статистическим методом // Международная молодежная научно-техническая конференция «Управление,

информация и оптимизация в электроэнергетических системах»: тезисы докладов, г. Новосибирск, 21–24 сентября 2011 г. – Новосибирск: Изд-во НГТУ, 2011. – С. 46–47

24. Фишов А.Г., Лыкин А.В., Тутундаев, М. Л. Фрактальный расчёт потерь электроэнергии в распределительных сетях для коммерческого учёта // Технологии управления режимами энергосистем XXI века: материалы всерос. науч.-практ. конф. посвящённой 50-летию подготовки специалистов по электрическим системам и сетям в НЭТИ-НГТУ. – Новосибирск, 29-30 сент. 2006 г. – Новосибирск: Изд-во НГТУ, 2006. – С. 195-202.

25. Фишов А.Г., Лыкин А.В., Тутундаев, М. Л. Мониторинг фактических потерь и количества электроэнергии в высоковольтных распределительных электрических сетях // Научный вестник НГТУ. – 2007. – №3(28). – С. 141-152.

26. Положение об организации коммерческого учета электроэнергии и мощности на оптовом рынке. Утверждено РАО «ЕЭС Росси» 12 октября 2001 г.

27. Постановление правительства РФ от 24 октября 2003 г. № 643 «О правилах оптового рынка электрической энергии (мощности) переходного периода»

28. Инструкция по организации в Министерстве энергетики РФ работы по расчету и обоснованию нормативов технологических потерь электроэнергии при ее передаче по электрическим сетям. Утверждена приказом Минэнерго России от 30 декабря 2008 г. № 326

29. Фишов А.Г., Лыкин А.В., Тутундаев М. Л. Оценка погрешностей расчетов потоков и потерь электрической энергии для коммерческого учета. // Технологии управления режимами энергосистем XXI века. Материалы Всероссийской научно-практической конференции, посвящённой 50-летию подготовки специалистов по электрическим системам и сетям в НЭТИ-НГТУ. С.188-194.

30. Паздерин А.В. Разработка моделей и методов расчёта и анализа энергораспределения в электрических сетях: Дис. на соиск уч. степени д.т.н. / УПИ. – Екатеринбург, 2005. – 344 с.

31. Железко Ю.С. Методы расчета нормативов технологических потерь электроэнергии в электрических сетях // Электричество, 2006, № 12. – С. 10-17.

32. Осика Л.К. Коммерческий и технический учет электрической энергии на оптовом и розничных рынках: Теория и практические рекомендации. – СПб.: Политехника , 2005. – 360 с.

33. Лыкин А.В., Тутундаев М.Л. Расчет потерь электрической энергии на учетных интервалах при наличии реверсивных перетоков мощностей. – Новосибирск, Научный журнал «Научные проблемы транспорта Сибири и Дальнего Востока», 2009, специальный выпуск № 1

34. Паздерин А.В. Проблема моделирования распределения потоков электрической энергии в сети // Электричество, 2004. – № 10. – С. 2-8.

35. Железко Ю.С. Потери электроэнергии. Реактивная мощность. Качество электроэнергии: Руководство для практических расчетов. – 2009. – 456 с.

Заключение

Метод расчета нагрузочных потерь электрической энергии, основанный на вероятностном потокораспределении, снимает главное допущение традиционных методов – введение одинакового интегрирующего множителя в формуле потерь для всех элементов электрической сети, а также позволяет учесть разнородность нагрузок узлов сети, корреляционные связи между мощностями нагрузок узлов и рассчитывать математические ожидания потерь мощности при реверсивных потоках мощности и энергии по линям электропередачи. Во всех случаях ВСМ дает более точные результаты расчетов потерь электроэнергии.

Использование вероятностно-статистического метода целесообразно для замкнутых сетей 110-220 кВ и распределительных сетей 6-35 кВ с разнородными нагрузками. Этот метод может быть использован для повышения точности расчета потерь в темпе процесса на часовых и получасовых интервалах для учета изменений потоков мощности по элементам сети на этих интервалах.

Printed by Books on Demand GmbH, Norderstedt / Germany